BEI GRIN MACHT SICH IHR WISSEN BEZAHLT

AF130030

- Wir veröffentlichen Ihre Hausarbeit,
  Bachelor- und Masterarbeit

- Ihr eigenes eBook und Buch -
  weltweit in allen wichtigen Shops

- Verdienen Sie an jedem Verkauf

Jetzt bei www.GRIN.com hochladen und kostenlos publizieren

Bibliografische Information der Deutschen Nationalbibliothek:

Die Deutsche Bibliothek verzeichnet diese Publikation in der Deutschen National-
bibliografie; detaillierte bibliografische Daten sind im Internet über http://dnb.d-
nb.de/ abrufbar.

Impressum:

Copyright © 2015 GRIN Verlag, Open Publishing GmbH
Druck und Bindung: Books on Demand GmbH, Norderstedt Germany
ISBN: 978-3-668-16488-8

Dieses Buch bei GRIN:

http://www.grin.com/de/e-book/316899/kleine-legemeister-mit-tangram-geometri-
sches-denken-foerdern-klasse-2

Niels Mertens

Kleine Legemeister. Mit Tangram geometrisches Denken fördern (Klasse 2, Mathematik)

GRIN Verlag

GRIN - Your knowledge has value

Der GRIN Verlag publiziert seit 1998 wissenschaftliche Arbeiten von Studenten, Hochschullehrern und anderen Akademikern als eBook und gedrucktes Buch. Die Verlagswebsite www.grin.com ist die ideale Plattform zur Veröffentlichung von Hausarbeiten, Abschlussarbeiten, wissenschaftlichen Aufsätzen, Dissertationen und Fachbüchern.

Besuchen Sie uns im Internet:

http://www.grin.com/

http://www.facebook.com/grincom

http://www.twitter.com/grin_com

Zentrum für schulpraktische Lehrerausbildung

Schriftliche Unterrichtsplanung zum zweiten Unterrichtsbesuch im Fach Mathematik

LAA:

Ausbildungsschule:

Schulleitung:

ABB:

Mentorin:

Fachleiter:

Kernseminarleitung:

OGS-Mitarbeiterin:

Datum, Zeit:

Raum: 2a

Klasse/ Klassenstärke: 2a/19 SuS

Inhaltsverzeichnis

1. Thema der Unterrichtsreihe

LegemeisterIn – eine handlungsorientierte Unterrichtsreihe zum Vergleichen der geometrischen Grundformen sowie der Förderung der visuellen Wahrnehmung und der Entwicklung von Legestrategien.

2. Lernziele der Unterrichtsreihe

Im Rahmen der Unterrichtsreihe „LegemeisterIn" sollen die SchülerInnen[1], durch das aktive Entdecken und dem Entwickeln individueller Legestrategien, in ihrer visuellen Wahrnehmung gefördert werden. Sie können geometrische Formen in ihrer Umwelt erkennen, benennen und vergleichen. Des Weiteren wenden sie ihre individuellen Vorkenntnisse zur Figur-Grund-Diskrimination an und erweitern diese, indem sie vorgegebene Umrisse mit den Tangram-Teilen auslegen.

3. Aufbau der Unterrichtsreihe

1. Sequenz:

   Einführung der geometrischen Formen Dreieck, Quadrat, Rechteck und Kreis. – Eigenschaften (eckig, rund) sowie Fachbegriffe werden bestimmt, benannt und untersucht.

2. Sequenz:

   Geometrische Formen in unserer Umwelt. – Suchen, Beschreiben und Ordnen in der Klasse gefundenen geometrischen Formen aus der Lebenswirklichkeit.

3. Sequenz:

   Wir zaubern mit Dreiecken. – Freies Legen von Figuren aus zwei und vier gleichschenkligen Dreiecken.

4. Sequenz:

   Das schräge Viereck. – Einführung des Parallelogramms als Teil des Tangrams

5. **Sequenz:**

   Wir legen nach. - Die SuS entwickeln Legestrategien, indem sie vorgegebene Umrisse mit dem Tangram-Spiel nachlegen/auslegen und sich so die strukturellen Zusammenhänge erschließen und ihr geometrisches Denken fördern.

---

[1] SchülerInnen werden im Folgenden durch SuS abgekürzt.

1

6. Sequenz:

Wir legen (Phantasie-)Figuren mit unserem Tangram-Spiel. – Produktion eigener Tangram-Figuren

7. Sequenz:

Wir planen und erstellen ein Spiel. - Erstellen eigener Umrissfigurenpläne zum Auslegen als Freiarbeitsmaterial für den Mathematikunterricht.

4. Thema der Unterrichtsstunde

Wir legen nach - Die SuS entwickeln Legestrategien, indem sie vorgegebene Umrisse mit dem Tangram-Spiel nachlegen/auslegen und sich so die strukturellen Zusammenhänge erschließen und ihr geometrisches Denken fördern.

5. Ziele der Unterrichtsstunde

Die SuS erweitern ihre Kompetenzen im Bereich „Ebene Formen", indem sie zunächst gemeinsam an der Tafel Tangram-Figuren erkennen. Anschließend wenden sie selbstständig Legestrategien, durch das Nachlegen einzelner Tangram-Figuren mit Hilfe von Tangram-Bausteinen, an und entwickeln so ein systematisches Vorgehen beim Legen von Tangram-Figuren.

6. Didaktischer Schwerpunkt

Legitimation der Themenwahl durch den Lehrplan

Die ausgewählte Sequenz „Wir legen nach - Entwicklung von Legestrategien durch das Nachlegen/Auslegen vorgegebener Umrisse mit dem Tangram-Spiel, um strukturelle Zusammenhänge zu erschließen und das geometrischen Denken zu fördern" ist Teil der Reihe „LegemeisterIn – eine handlungsorientierte Unterrichtsreihe zum Kennenlernen der geometrischen Grundformen, zur Förderung der visuellen Wahrnehmung und zur Entwicklung von Legestrategien beim handelnden Umgang" und damit in einen übergeordneten unterrichtlichen Zusammenhang eingeordnet.

Das Thema „Geometrische Grundformen" wird durch den Kernlehrplan NRW legitimiert. Laut dem Kernlehrplan der Grundschule sollen die SuS durch handelnden Umgang Grunderfahrungen zu Eigenschaften und Maßen von ebenen Figuren und Körpern machen.[2]

---

[2] Ministerium für Schule, Jugend und Kinder des Landes Nordrhein-Westfalen (2009): Kernlehrplan für die Grundschule in Nordrhein-Westfalen, Mathematik, http://www.schulentwicklung.nrw.de/lehrplaene/lehrplannavigator-grundschule/mathematik/lehrplan-mathematik/bereiche/bereiche.html zuletzt eingesehen am 01.12.15

Sie können am Ende der zweiten Klasse die geometrischen Grundformen Rechteck, Quadrat, Parallelogramm, Dreieck und Kreis beschreiben, benennen und untersuchen. Dabei verwenden sie Fachbegriffe wie „Kante" und „Ecke". Zudem sollen sie ebene Figuren, durch das Legen, Nach- und Auslegen sowie Zerlegen und Zusammensetzen (z.B.Tangram) herstellen.[3] Es werden so vor allem die Inhaltbezogenen Kompetenzen zum Bereich Raum und Form gefördert.[4] Prozessbezogene Kompetenzen wie das Problemlösen, Darstellen und Kommunizieren und auch das Verwenden von Fachsprache werden ebenfalls gefördert.

Begründung der Themenwahl durch die vorhergehende und zukünftige Einheit

Im Bereich Geometrie wurden bisher die Lagebeziehungen „rechts, links, oben, unten" sowie die Grundzüge der Symmetrie behandelt. Durch die Unterrichtsreihe haben die SuS die Möglichkeit sich mit ebenen Figuren auseinanderzusetzen. Dies motiviert sowohl die schwachen als auch die starken SuS und regt ihr Interesse am Mathematikunterricht an.

Durch den Geometrieunterricht lassen sich die allgemeinen Ziele der Grundschule[5] besonders gut erreichen. Die SuS erfahren im Geometrieunterricht eine durchgängige Förderung der Sprachkompetenz im Rahmen der mathematischen Fachsprache und ein grundlegendes Verständnis mathematischer Zusammenhänge in den Bereichen „Formen und Muster." Außerdem wird die Kompetenz der Wahrnehmungsfähigkeit als auch des räumlichen Vorstellungsvermögens gefördert und erweitert. Dies alles fördert die visuelle Wahrnehmung, welche bei dem Schreiben-/ Lesen lernen als auch in der Arithmetik von entscheidender Bedeutung ist.[6]

Unsere Umwelt offenbart uns eine Vielzahl von unterschiedlichen geometrischen Strukturen und Formen, sei es durch Fenster, Türen, Schilder oder Verpackungsformen. Die Aufgabe des Mathematikunterrichts, insbesondere des Geometrieunterrichts, ist die Untersuchung und systematische Auseinandersetzung von Zusammenhängen der Geometrie und der Umwelt. Voraussetzung hierfür ist das Erkennen von geometrischen Formen und die Fähigkeit, diese in anderen Umgebungen und Mustern wiederzuerkennen. Diese Fähigkeit sollen die SuS

---

[3] Ministerium für Schule, Jugend und Kinder des Landes Nordrhein-Westfalen (2009): Kernlehrplan für die Grundschule in Nordrhein-Westfalen, Mathematik,
http://www.schulentwicklung.nrw.de/lehrplaene/lehrplannavigator-grundschule/mathematik/lehrplan-mathematik/kompetenzen/ zuletzt eingesehen am 01.12.15
[4] Vgl. ebd.
[5] Sekretariat der Ständigen Konferenz der Kultusminister der Länder
in der Bundesrepublik Deutschland: Das Bildungswesen in der Bundesrepublik Deutschland 2012/2013 Darstellung der Kompetenzen, Strukturen und bildungspolitischen Entwicklungen für den Informationsaustausch in Europa,2014 S.101 ff.
[6] Vgl. Radatz, H./Rickmeyer, K.: Handbuch für den Geometrieunterricht am Grundschulen, 1991, S. 15ff.

innerhalb der Unterrichtsreihe entwickeln. Gerade zu Beginn ist es daher wichtig diese Aspekte entsprechend aufzugreifen und zu schulen. Daran anschließend kann der Geometrieunterricht seine eigentliche Aufgabe erfüllen, indem er den SuS Fähigkeiten und Fertigkeiten vermittelt, die für die mathematische Erschließung ihrer Lebenswirklichkeit helfen. Mithilfe von einfachen geometrischen Grunderfahrungen sollen geometrische Grundbegriffe wie Ecke und Kante verinnerlicht werden. Begriffe wie Fläche werden angebahnt und die allgemeine Denkfähigkeit[7] verbessert.

Sachanalyse und Lernchancen für die Schüler

Die Unterrichtsstunde konzentriert sich auf das Legen von Tangram-Figuren. Das Tangram ist ein altes chinesisches Legepuzzle mit quadratischer Grundform.[8] Es besteht aus sieben Teilen: fünf unterschiedlich großen Dreiecken, einem Quadrat und einem Parallelogramm.[9] Mit Hilfe dieser Teile können unterschiedliche figürliche oder auch geometrische Formen gelegt werden. Beim Legen gelten die Regeln, dass alle Teile genutzt werden und die Teile nicht übereinander oder senkrecht zueinander liegen.

Auf die Unterrichtsstunde bezogen erfordert das Auslegen bzw. Nachlegen geometrischer Grundformen des Tangram-Spieles eine abstrakte geometrische Denkleistung, weil die Strukturen der einzelnen Elemente kaum noch erkennbar sind. Laut Van Hiele/ Van Hiele-Geldorf erfolgt die Entwicklung des geometrischen Denkens in mehreren Stufen mit fortschreitender Abstraktion. Das Legen bzw. das Auslegen lässt sich so in der Stufe 0, dem anschauungsgebundenen Denken zuordnen. Hier werden geometrische Grunderfahrungen gemacht und die SuS lernen Grundformen zu unterscheiden und zu benennen.[10] Die SuS in der zweiten Klasse befinden sich in dieser Stufe. Sie können hier im Rahmen der Unterrichtsreihe ihr geometrisches Denken fördern. Der Umgang mit konkretem Material ist dabei elementar. Nur so können die SuS die Grundlagen geometrischen Denkens weitergehend entwickeln und vorhandene Kenntnisse festigten. Dementsprechend ist das Arbeiten in dieser Unterrichtseinheit- und stunde weitestgehend materialgebunden. Durch die Aufbereitung des Materials sind verschiedene Differenzierungsmöglichkeiten geboten, die in dem Methodenkonzept weiter beschrieben werden sollen.

---

[7] KNOOP, G.: Geometrie in der Grundschule. In: Mathematik für Kinder - Mathematik von Kindern, 2004, S. 107.
[8] Vgl.https://www.math.uni-bielefeld.de/~ringel/puzzle/puzzle02/tangram.htm (zuletzt nachgesehen am 02.12.2015 um 17:00 Uhr)
[9] Vgl. Anhang
[10] Vgl. Radatz, H. / Rickmeyer, K.: Handbuch für den Geometrieunterricht an Grundschulen, 1991, S. 13f.

Lernvoraussetzungen

<u>Soziale Lernvoraussetzungen</u>

Die Klasse 2a setzt sich aus insgesamt 19 SuS zusammen, davon 11 Jungen und 8 Mädchen. Ich gebe, im Rahmen meines bedarfsdeckenden Unterrichts in der Klasse fünf Stunden Mathematikunterricht pro Woche. Die Lerngruppe unterrichte ich seit den Sommerferien und kenne sie dementsprechend seit ca. 15 Wochen.

Es handelt sich um eine heterogene Lerngruppe. Viele der SuS haben keinen deutschsprachigen Hintergrund und sind zumeist einem eher bildungsfernen Milieu zuzuordnen. Dies zeigt sich insbesondere bei der Lesekompetenz der SuS. Aus diesem Grund bin ich bemüht den SuS verschiedene, innere Differenzierungsmöglichkeit anzubieten, um jedem SuS gerecht zu werden. Zudem ist in einigen Stunden eine OGS-Mitarbeiterin mit im Klassenraum, sodass hierdurch verstärkt auf die Bedürfnisse der SuS eingegangen werden kann. Sie unterstützt die Lehrkraft und die SuS. So auch in der zu zeigenden Unterrichtsstunde. Teilweise haben die SuS einen starken Bewegungsdrang und eine niedrige Frustrationsgrenze, so dass es während des Unterrichts mindestens einen Sozialformwechsel und einen für diese Lerngruppe angepassten (didaktisch reduzierten) Arbeitsauftrag geben muss.

Einige SuS sollen im Folgenden näher beschrieben werden. Teilweise wurden hierzu, neben den eigenen Erkenntnissen, auch Einschätzungen der Klassenlehrerin miteinbezogen.

Hafras offenbart große Probleme bei der Bewältigung der, für das 2.Schuljahr erwartbaren, Fähigkeit mathematischen bzw. logischen Denkens. Dies zeigt sich insbesondere bei dem Erkennen und Fortsetzen von Mustern sowie der Fähigkeit zum räumlichen Denken. Zudem ist bei Hafras ein AO-SF Verfahren im Bereich Lernen eingeleitet, da begründeter Verdacht auf Schwierigkeiten beim Lernen besteht. Panteleimon zeigt vor allem Probleme bei der räumlichen Vorstellung. Er offenbart zudem Schwierigkeiten sich auf ihm unbekannte Aufgabenformate einzulassen und hat hier einen erhöhten Unterstützungsbedarf bei der Erarbeitung. Zurzeit wird bei Panteleimon untersucht, inwiefern ein Förderbedarf vorliegt. Makinshan offenbart große Schwierigkeiten bei der Konzentration und beim Erlernen ihm noch unbekannten Zusammenhängen. Makinshan hat einen sonderpädagogischen Unterstützungsbedarf im Bereich Lernen. Den oben beschriebenen SuS wird mit einem ihrem Leistungsvermögen angepasstem Arbeitsmaterial begegnet. Auch die SuS Fotis und Chariklia offenbaren im Unterricht Schwierigkeiten, so dass diese SuS mit gesondertem Material

5

gefördert und angesprochen werden. Aufgrund des zu Beginn geschilderten sozialen Hintergrunds, haben die SuS oftmals sprachliche Probleme und verstehen den Arbeitsauftrag meist nicht sofort bzw. oftmals erst nach mehrmaliger verbaler Hinführung. Dies werde ich zu Beginn der Arbeitsphase mehrfach tun. Zudem offenbaren die SuS Schwierigkeiten ihnen unbekannte Aufgaben zu bearbeiten. Die SuS werden erst mehrfach in ihrem Handeln bestärkt, ehe eine eigenständige Erarbeitungsphase beginnen kann.

Methodische Lernvoraussetzungen

Den SuS ist das Format der Partnerarbeit bekannt. Jedoch kommt es hierbei gelegentlich zu Problemen, da einige SuS die Partnerarbeit, auch mit dem Tischnachbarn, aus nicht nachvollziehbaren Gründen verweigern. Auf diese Probleme versuche ich passend zu reagieren, indem ich ggf. andere Teams bilde oder SuS alleine arbeiten lasse. Die SuS wissen, dass sie sich an ihren Sitznachbarn wenden können, wenn beim Erarbeiten Probleme auftreten. Auch der Umgang mit verschiedenem Material ist den SuS durch die Freiarbeit bekannt. Ihnen ist bewusst, dass Materialien immer für die Gruppe hergestellt werden und sie bringen diesem eine entsprechende Wertschätzung entgegen.

Inhaltliche Lernvoraussetzungen

Die SuS haben in den vorrangegangenen Stunden intensiv zu den geometrischen Formen (Quadrat, Dreieck, Parallelogramm und Kreis) gearbeitet und kennen die Fachbegriffe, um diese zu bestimmen. Die SuS haben bisher das Themenfeld „räumliche Vorstellung" in der zweiten Klasse noch nicht behandelt. Ihre Kenntnisse hierüber beruhen daher größtenteils auf individuellem Vorwissen und den Kenntnissen aus der ersten Klasse.

Methodenkonzept

Der didaktische Schwerpunkt der Stunde liegt auf dem Nachlegen von Tangram-Figuren, um so Legestrategien zu entwickeln bzw. zu vertiefen.

Das materialbasierte Auslegen von Figuren bzw. Umrissen, ermöglicht es den SuS ihre visuelle Wahrnehmung, insbesondere die Fähigkeit zur Figur-Grund-Diskrimination zu schulen, indem sie die Figur-Umrisse gedanklich strukturieren oder sie durch Probieren auslegen. Dabei gehen sie handlungsorientiert mit den verschiedenen geometrischen Formen um. Die SuS setzten sich mit den Strukturen der Figuren auseinander, indem sie, beispielsweise bei der Zusammensetzung der Figuren, die Lagebeziehung der geometrischen Formen durch Drehen ändern.

6

Für den **Einstieg** werden vier Tangram-Figuren (Schiff, Hase, Fuchs, Gans) an der Tafel befestigt, mit denen sich die SuS in der Stunde beschäftigen. Mit einem Impuls fordere ich die SuS auf die Figuren zu benennen. Hierdurch werden die SuS aktiviert und ein erstes Interesse wird geweckt. In der **Hinführung** stelle ich den Ablauf der Stunde vor, um so für eine Ziel- und Prozesstransparenz zu sorgen.[11] Durch die Verschriftlichung an der Tafel, kann jeder SuS zu jeder Phase des Unterrichts nachvollziehen, wo sich der Unterricht befindet und schnell wieder in das Geschehen einsteigen.

Für die **Erarbeitungsphase** werden in Partnerarbeit verschiedene Figur-Umrisse zum Nach-. bzw. Auslegen angeboten: Schiff, Hase, Gans und Fuchs.[12] Jede Tangram-Figur hat dabei ihre eignen Vorteile bzw. Schwierigkeiten. Bei der Figur „Schiff" können das große Segel, beim „Hase" der Kopf und die Ohren und beim „Fuchs" die Ohren und die Schnauze erkannt werden. Bei der Gans die Füße. Schwierigkeiten offenbaren sich dort, wo keine einzelnen Formen erkennbar sind, sondern nur größere Flächen. Alle Arbeitsgruppen bekommen einen Aufgabenbogen.[13] Die SuS orientieren sich an diesem und können die Figuren so nacheinander bearbeiten. Während der Erarbeitung ist davon auszugehen, dass die starken SuS systematisch ihre Erkenntnisse über die Zusammensetzung einer Figur auf eine andere übertragen, z.B. Kopf = Quadrat. Die anderen SuS gehen wahrscheinlich durch reines Ausprobieren (unsystematisch) vor. Für die schwachen SuS halte ich deswegen zur Differenzierung passende Tippkarten bereit, auf denen zu jedem Umriss ein einzelner Tangram-Baustein eingezeichnet ist, sodass das Nachlegen der Figur vereinfacht wird. Damit die SuS erkennen, welche Tippkarte zu welcher Figur gehört, sind diese entsprechend dem Arbeitsbogen nummeriert. Der Einsatz von Tippkarten ist neu für die Kinder. Es kann hier anfängliche Schwierigkeiten geben, da sie mit dem Umgang von Tippkarten nicht vertraut sind. Bei Fragen werde ich die SuS auf die Tippkarten verweisen oder auch zusätzliche, individuelle Hilfestellung geben. Zudem halte ich zur weiteren Differenzierung passende Umrisse von Tangram-Figuren bereit, sodass die entsprechende Figur nicht nachgelegt, sondern mithilfe des Umrisses ausgelegt werden kann. Dieses Material erhalten die SuS Hafras, Panteleimon, Makinshan und Chariklia, da davon auszugehen ist, dass sie weiterführenden Unterstützung zum Lösen der Aufgabe benötigen. Die genannten SuS arbeiten in Einzelarbeit, brauchen sie dennoch Hilfe, wenden sie sich den anderen SuS ihrer Tischgruppe zu oder erhalten Hilfe durch mich oder die OGS-Mitarbeiterin. Als zusätzliche

---

[11] Vgl. Anhang
[12] Siehe Anhang
[13] Siehe Anhang

Differenzierung haben leistungsstarke Kinder, die, die vier Umrisse bearbeitet haben, die Möglichkeit verschiedene weitere Figuren[14] nachzulegen. Außerdem werde ich sie je nach Bedarf als Experten einsetzen, um die anderen SuS zu unterstützen und sie bei der Entwicklung von Legestrategien zu beraten. Die SuS erweitern so ihre sozialen Kompetenzen und erfahren eine positive Bestärkung durch die Lehrkraft.

Die Sicherungsphase wird akustisch eingeläutet. Dieses Signal ist den SuS bekannt, da es immer bei Ansagen oder Unterbrechungen genutzt wird. Die Sicherung findet in der Versammlung statt, damit alle SuS alles sehen können. Eine kurze Rückmeldung durch die SuS, zeigt mir wie sie mit den Aufgaben zurechtgekommen sind und wo Schwierigkeiten auftraten. Diese werde ich dann in der folgenden Stunde aufgreifen. Die Bilderkarten[15] wurden gewählt, da die SuS Probleme beim Verbalisieren ihrer eigenen Strategien aufweisen. Danach sortieren SuS die Bilderkarten in eine sinnvolle Reihenfolge, um so eine mögliche Legestrategie darzustellen. Da das Legen des Schiffrumpfes primär nicht durch das systematische Erschließen möglich ist, wird dies auf den Bildkarten nicht dargestellt. Stattdessen können die SuS dies in der Versammlung durch Ausprobieren nachlegen und erkennen so, dass gleiche Formen mit verschiedenen Bausteinen gelegt werden können. Diese Legestrategie können die SuS in der darauffolgenden Stunde vertiefend ausprobieren.

---

[14] Siehe Anhang „Weitere Figuren"
[15] Vgl. Anhang

7. Tabellarischer Verlaufsplan

Ziel: Die SuS erweitern ihre Kompetenzen im Bereich „Ebene Formen", indem sie zunächst gemeinsam an der Tafel Tangram-Figuren erkennen. Anschließend wenden sie selbstständig Legestrategien, durch das Nachlegen/Auslegen einzelner Tangram-Figuren, mit Hilfe von Tangram-Bausteinen, an und entwickeln so ein systematisches Vorgehen beim Legen von Tangram Figuren.

Unterrichtsphase	Interaktionsgeschehen	Sozialform	Didaktisch-methodische Funktion	Medien/Material
Einstieg	• L. begrüßt SuS und stellt Gäste vor. • L. hängt Tangram- Figuren an die Tafel.	UG	• Schüleraktivierung • Neugier/Interesse wecken	große Tangram-Figur große Tangram-Bausteine
Hinführung	• S. äußern ihre Vermutungen. • L. erklärt Ablauf der Stunde mit Hilfe des Ablaufplanes.	UG	• Fokussierung auf das Thema • Transparenz • Aktivierung des Vorwissens	Ablaufplan
Erarbeitungssphase	• L. erklärt AA, weist auf Material und Tippkarten hin. • S. holen sich Arbeitsmaterial und bearbeiten AA.	PA	• Anregung Problem-lösendes Denken • Kreativität • Selbstständigkeit • Eigenverantwortung • Soziale Kompetenzen	Tangram-Bausteine Tangram-Figuren Tippkarten

Sicherungsphase	• L. legt Bildkarten auf den Boden bei der Versammlung.	UG	• Austausch von Ergebnissen	Bildkarten
	• L. gibt akustisches Signal.		• Transparenz einer Legestrategie	
	• S. u. L. treffen sich in der Versammlung.		• Kreativität	
	• L. fordert die S. auf ein kurzes Feedback zu geben.		• Schüler Aktivierung	
	• L. lenkt Fokus auf die Bildkarten.			
	• S. ordnen die Bildkarten und erkennen ein methodisches Vorgehen.			
	• S. gehen an Platz und räumen diesen auf.			
	• L. beendet Stunde.			

8. Quellenverzeichnis

SEKRETARIAT DER STÄNDIGEN KONFERENZ DER KULTUSMINISTER DER LÄNDER
IN DER BUNDESREPUBLIK DEUTSCHLAND: Das Bildungswesen in der Bundesrepublik
Deutschland 2012/2013 Darstellung der Kompetenzen, Strukturen und bildungspolitischen
Entwicklungen für den Informationsaustausch in Europa, 2014 .

KNOOP, G.: Geometrie in der Grundschule. In: Mathematik für Kinder - Mathematik von
Kindern, 2004.

Ministerium für Schule, Jugend und Kinder des Landes Nordrhein-Westfalen (2009):
Kernlehrplan für die Grundschule in Nordrhein-Westfalen, Mathematik,
http://www.schulentwicklung.nrw.de/lehrplaene/lehrplannavigator-
grundschule/mathematik/lehrplan-mathematik/bereiche/bereiche.html zuletzt eingesehen am
01.12.15

Ministerium für Schule, Jugend und Kinder des Landes Nordrhein-Westfalen (2009):
Kernlehrplan für die Grundschule in Nordrhein-Westfalen, Mathematik,
http://www.schulentwicklung.nrw.de/lehrplaene/lehrplannavigator-
grundschule/mathematik/lehrplan-mathematik/kompetenzen/ zuletzt eingesehen am 01.12.15

https://www.math.uni-bielefeld.de/~ringel/puzzle/puzzle02/tangram.htm zuletzt nachgesehen
am 02.12.15

Radatz, H. / Rickmeyer, K.: Handbuch für den Geometrieunterricht an Grundschulen, 1991.

Quelle aller Tangram-Elemente:

http://paul-matthies.de/Schule/Tangram.php zuletzt eingesehen am 01.12.15

9. Anhang

Tangram-Figuren für den Einstieg

Tangram Arbeitsblatt

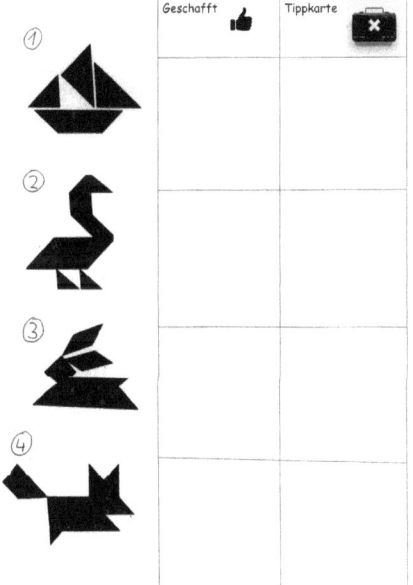

Tangram-Tippkarten

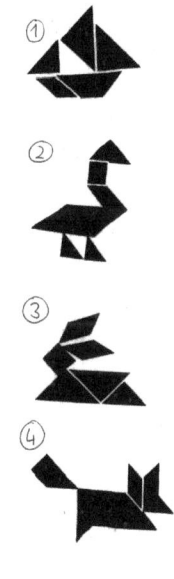

Weitere Figuren   Figuren zum Nachlegen

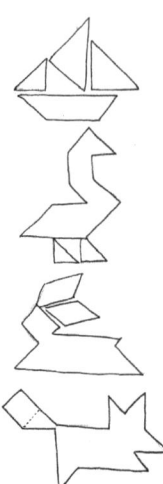

Bilderkarten

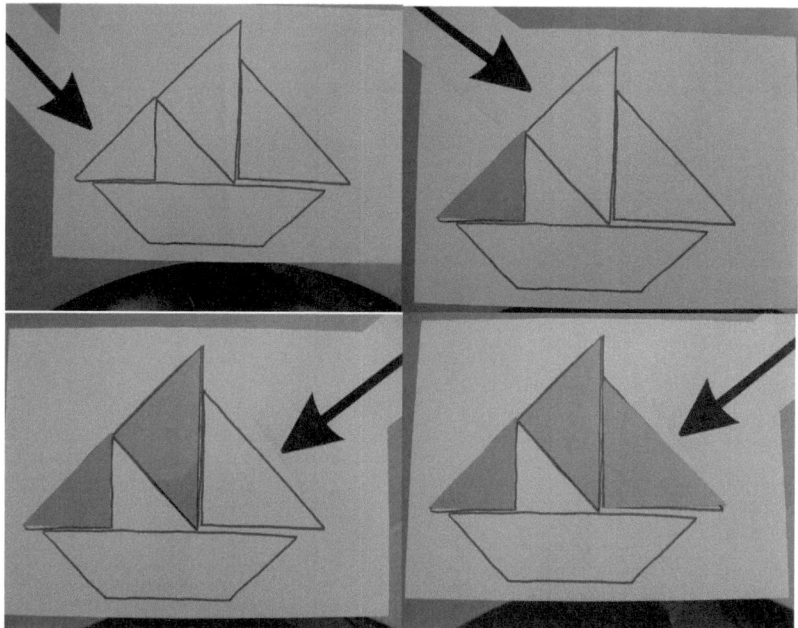

Mögliches Tafelbild

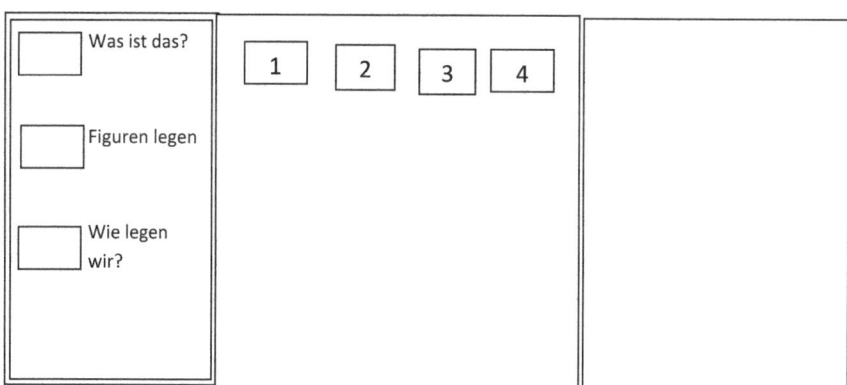